Divya Jaggi
Ashish Kashyap

Conversa Microbiana: Comunicação inter-espécies no Biofilme Oral

Divya Jaggi
Ashish Kashyap

Conversa Microbiana: Comunicação inter-espécies no Biofilme Oral

ScienciaScripts

Imprint

Cover image: www.ingimage.com

This book is a translation from the original published under ISBN 978-3-330-65258-3.

Publisher:
Sciencia Scripts
is a trademark of
Dodo Books Indian Ocean Ltd. and OmniScriptum S.R.L publishing group

120 High Road, East Finchley, London, N2 9ED, United Kingdom
Str. Armeneasca 28/1, office 1, Chisinau MD-2012, Republic of Moldova, Europe
Printed at: see last page
ISBN: 978-620-8-16277-1

ÍNDICE

Capítulo 1	*3*
Capítulo 2	*11*
Capítulo 3	*13*
Capítulo 4	*24*
Capítulo 5	*26*
Capítulo 6	*33*
Capítulo 7	*35*
Capítulo 8	*37*

CONVERSA MICROBIANA: COMUNICAÇÃO INTER-ESPÉCIES NO BIOFILME ORAL

INTRODUÇÃO

A microflora da cavidade oral é diversificada, tendo sido detectadas mais de 800 espécies bacterianas (Paster *et al.*, 2001, 2006; Becker *et al.*, 2002; Aas *et al.*, 2005, 2008; Preza *et al.*, 2008). Pensa-se que estas espécies bacterianas desempenham papéis importantes na manutenção da saúde oral e na etiologia das doenças orais nos seres humanos (Socransky *et al.*, 2002). Durante muito tempo, os microbiologistas orais esforçaram-se por utilizar o reducionismo, ou seja, estudar colónias bacterianas isoladas individualmente a partir de comunidades microbianas complexas e analisar genes bacterianos isolados individualmente a partir de genomas microbianos complexos, para identificar os principais agentes patogénicos responsáveis pela patogénese microbiana oral (Haffajee et al., 1988.) As limitações do reducionismo forçaram os cientistas a começar a adotar novas estratégias utilizando conceitos emergentes como a interação interespécies, a comunidade microbiana, os biofilmes, a doença polimicrobiana, etc. Estas novas direcções de investigação fizeram com que os microbiologistas orais apreciassem verdadeiramente o facto de que o todo é muito mais do que a simples soma das suas partes, uma vez que as interações entre diferentes componentes resultaram em muitas funções fisiológicas novas que não podem ser observadas com componentes individuais.

1. COMUNIDADE MICROBIANA ORAL

O microbioma oral humano é composto por centenas de microrganismos que colonizam uma variedade de superfícies, muitos dos quais nas superfícies dos dentes, crescendo como um biofilme conhecido como placa dentária. A placa dentária não é apenas a simples soma dos seus componentes bacterianos. Em vez disso, é uma comunidade microbiana sofisticada que se estabelece, o que resulta em novas funções que são essenciais para a arquitetura do biofilme e para a fisiologia microbiana (Marsh, P. D. 2005.)

A placa dentária é um ecossistema de biofilme oral dinâmico e extremamente complexo que consiste numa comunidade multiespecífica. Estas são caracterizadas pela fixação à superfície, heterogeneidade estrutural, interações interespécies complexas e uma matriz extracelular de substâncias poliméricas e são micro-nichos de alta densidade que diferem dramaticamente das condições circundantes. As espécies bacterianas nas comunidades de biofilme dentário interagem de forma cooperativa ou competitiva com outros membros. Devido à natureza multiespecífica da placa dentária, a comunidade microbiana oral é um dos melhores modelos de biofilme para estudar as interações interespécies. É razoável assumir que as interações entre os residentes microbianos orais podem influenciar as propriedades de toda a comunidade. A este respeito, as comunidades microbianas orais (biofilmes) podem representar um microexemplo da hipótese de "Gaia" (Lovelock, J. E. 1965); ou seja, os biofilmes são análogos ao planeta Terra, onde as propriedades deste último como um todo são determinadas pelas interações de todos os residentes, bem como pelas interações das populações com as estruturas de suporte inanimadas.

FORMAÇÃO DE BIOFILME ORAL

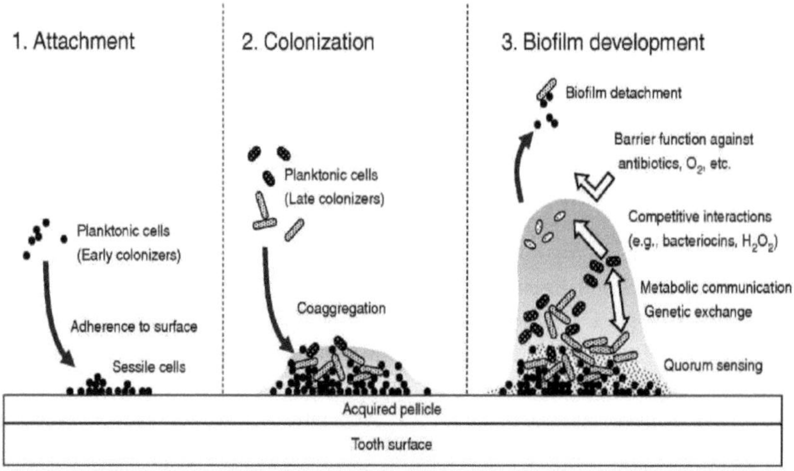

Figura 1. Representação esquemática da formação de biofilme na superfície do dente e os potenciais papéis das interações bacterianas. A película do dente é geralmente colonizada por colonizadores iniciais. A co-agregação contribui para a ligação sequencial e colonização. As interações bacterianas incluem a comunicação metabólica e o intercâmbio genético. O desenvolvimento de um biofilme com uma elevada densidade de células bacterianas aumenta a concentração de moléculas de sinalização.

ADESÃO ÀS SUPERFÍCIES DENTÁRIAS: A adesão de espécies bacterianas à película adquirida da saliva é relevante para as interações das bactérias com o hospedeiro moléculas. Os estreptococos orais têm a capacidade de se ligar às proteínas do hospedeiro, como a alfa-amilase, as proteínas ricas em prolina, etc., e são reconhecidos como colonizadores precoces e têm um papel no estabelecimento da placa bacteriana.

MATURAÇÃO DA PLACA: As bactérias colonizadoras iniciais fornecem sítios de ligação específicos para a colonização bacteriana subsequente e o desenvolvimento da placa bacteriana. Os colonizadores tardios como *F. Nucleatum, P.gingivalis, A actinomycetemcomitans, T.forsythia, T. denticola* ligam-se a receptores na superfície bacteriana pioneira e fixam-se a eles. As bactérias coagregam-se formando uma formação típica de espiga de milho e de escova de cerdas. Assim, **a coagregação,** ou seja, a interação específica célula a célula entre células bacterianas distintas, constitui a base da interação bacteriana na formação do biofilme. A coagregação entre bactérias orais não só contribui para a colonização bacteriana, mas também para a comunicação metabólica e o intercâmbio genético, porque cada bactéria pode aceder a uma célula bacteriana vizinha e aos seus metabolitos.

COAGREGAÇÃO ENTRE BACTÉRIAS NA PLACA DENTÁRIA HUMANA

As primeiras bactérias a colonizar a película na superfície do dente são os estreptococos e os bastonetes Gram-positivos, como o Actinomyces naeslundii. Nas primeiras 4 horas de formação da placa, Streptococcus mitis, Streptococcus sanguinis (anteriormente Streptococcus sanguis) e Streptococcus oralis representam 60-90% dos estreptococos cultiváveis. Outras bactérias são também recuperadas da placa dentária inicial e a microscopia mostra que a placa inicial é composta predominantemente por cocos e bastonetes curtos. No entanto, após 24 horas, a superfície da placa bacteriana madura contém muitos mais tipos morfológicos de bactérias, que se coagregam para formar estruturas intrincadas, tais como "espigas de milho". As parcerias entre as bactérias da placa dentária são altamente específicas e os colonizadores primários podem coagregar-se uns com os outros, mas normalmente não com os colonizadores secundários. No entanto, o principal agente patogénico periodontal *Porphyromonas gingivalis,* um colonizador secundário, pode coagregar-se com o colonizador primário *Streptococcus gordonii.* As fímbrias longas (principais) *de P. gingivalis* são compostas pela proteína FimA, que se liga à gliceraldeído-3-fosfato desidrogenase presente na superfície de *S. oralis* (Maeda *et al.,* 2004). O processo de ligação entre uma coagregação de células constituída por mais de 3 espécies bacterianas é muito importante, porque liga algumas espécies que não são parceiras de co-agregação. *A Fusobacterium nucleatum* pode co-agregar-se com muitas bactérias orais, incluindo estreptococos e anaeróbios obrigatórios. Por conseguinte, esta espécie é um componente-chave dos biofilmes dentários e serve como coordenador que faz a ponte entre os colonizadores tardios e precoces. Na ausência de F. *nucleatum*, muitos outros colonizadores secundários não podem tornar-se parte da comunidade da placa dentária. Além disso, os colonizadores secundários anaeróbios não podem sobreviver no estado planctónico, a menos que sejam coagregados ao F. nucleatum. A co-agregação entre *F. nucleatum* e outras bactérias é um processo altamente específico que envolve a interação entre as moléculas de superfície das células bacterianas. As reacções de co-agregação entre *F. nucleatum* e bactérias Gram-negativas são mediadas por interações lectina-carbohidrato. Por exemplo, a coagregação entre *P. gingivalis* e *F. nucleatum* é mediada por uma porção de galactosídeo na superfície de *P. gingivalis* e uma porção de lectina na de *F. nucleatum,* que é inibida pela lactose. Os polissacáridos capsulares e os lipopolissacáridos do serotipo K5 de *P. gingivalis* actuam como receptores que medeiam a coagregação entre bactérias orais (Rosen e Sela, 2006). Em contraste, embora tenha sido observada a coagregação entre *F. nucleatum* e muitas outras bactérias Gram-positivas, a coagregação raramente é inibida por açúcares (Nagaoka *et al.*, 2008). Assim, a co-agregação intergenérica entre *F. nucleatum* e células Gram-negativas é bastante diferente da que ocorre com bactérias Gram-positivas.

Pensa-se que a co-agregação entre bactérias orais contribui não só para a colonização bacteriana através de mecanismos físico-químicos, mas também para a comunicação metabólica e o intercâmbio genético, porque cada bactéria pode aceder facilmente a uma célula bacteriana vizinha e aos seus metabolitos. Num estudo recente *in vitro*, Chalmers *et al.* (2008) demonstraram que a dependência metabólica é facilitada pela co-agregação intergenérica. *Streptococcus oralis* e *S. gordonii* co-agregaram com *Veillonella* sp. PK1910. Estas bactérias formaram aglomerados interdigitados de três espécies quando cresceram como um biofilme com saliva como fonte nutricional. *A Veillonella* sp. PK1910 cresceu apenas quando os estreptococos estavam presentes. Foi também sugerido que a co-agregação bacteriana está relacionada com a sobrevivência de bactérias anaeróbias obrigatórias em condições aeróbias (Bradshaw *et al.*, 1998). Por conseguinte, é provável que a coagregação intergenérica seja um fator importante nas comunicações cooperativas entre as bactérias orais.

OS COMPONENTES DA SUPERFÍCIE CELULAR QUE MEDEIAM A COAGREGAÇÃO

ADESINAS DE COAGREGAÇÃO:

Foram identificadas muitas adesinas de coagregação nas superfícies celulares das bactérias da placa dentária e a maioria das adesinas de coagregação identificadas até à data foram encontradas em espécies de Streptococcus, Actinomyces e Fusobacterium.

As adesinas de coagregação expressas pelo colonizador primário da placa dentária S. gordonii DL1 foram extensivamente estudadas e esta estirpe possui cinco proteínas distintas envolvidas em interações de coagregação. Em alguns casos, foi identificada a localização das adesinas de coagregação na superfície celular. A proteína adesina de 100 kDa não identificada pode utilizar o ácido lipoteicóico como "andaime" para a sua apresentação ao organismo parceiro e é responsável pela coagregação intragenérica, inibidora de galactosídeos, com outras espécies de estreptococos. A proteína adesina Hs de 203 kDa é uma proteína do tipo lectina associada a estruturas fibrilares e medeia a adesão a componentes da saliva, leucócitos polimorfonucleares e a coagregação com espécies de bactérias orais. Uma proteína de 259 kDaproteína também encontrada em S. gordonii DL1, CshA, é uma proteína fibrilar ancorada na parede celular que pode ser vista por coloração negativa no microscópio eletrónico de transmissão como fibrilhas de superfície peritríquios, com 70 nm de comprimento. Estas fibrilhas finas, esparsas e peritríquios contêm várias sequências repetidas de aminoácidos, tendo sido sugerido que a adesina de coagregação responsável pela coagregação com A. naeslundii se encontra na extremidade distal da molécula fibrilar. Duas outras adesinas de coagregação, também expressas por S. gordonii DL1, medeiam a coagregação com A. naeslundii e com o agente patogénico periodontal P. gingivalis e estas adesinas foram designadas SspA e SspB . SspA e SspB (polipéptidos antigénios I/II) são multifuncionais e, para além de mediarem a coagregação, também medeiam a adesão a glicoproteínas salivares, fibronectina e colagénio. A expressão destas duas adesões é aumentada quando S. gordonii DL1 é exposto à saliva humana. Foram também identificadas adesinas de coagregação em espécies orais de Actinomyces e em complexos com fímbrias peritríquios que cobrem a superfície das células de Actinomyces. Por exemplo, as fímbrias do tipo 2 de A. naeslundii transportam e apresentam uma adesina de coagregação para estreptococos orais e as adesinas para ligação a células epiteliais e leucócitos polimorfonucleares. (Rickard et al., 2003)

O F. nucleatum já foi mencionado como sendo um parceiro de coagregação essencial para muitas bactérias orais e o F. nucleatum PK1594 possui, pelo menos, três moléculas de adesina multifuncionais distintas, que, em conjunto, medeiam a coagregação com sete géneros diferentes da placa bacteriana e medeiam a adesão a algumas superfícies do hospedeiro. Esta presença de múltiplas adesinas é inteiramente consistente com o papel proposto para o F. nucleatum como um organismo de ligação no desenvolvimento da placa bacteriana.

Este resumo de algumas das adesinas de coagregação nas bactérias da placa dentária indica que estas evoluíram em paralelo, uma vez que são todas diferentes em composição umas das outras. Mostra também que muitas das adesinas não estão localizadas na parede celular, mas encontram-se associadas a apêndices externos, permitindo assim que as células estabeleçam um contacto mais eficaz com potenciais parceiros. Revela também como os organismos da placa dentária podem expressar mais do que uma adesina de coagregação simultaneamente na superfície celular; isto também optimizará as hipóteses de uma célula encontrar um parceiro adequado na competição pela sobrevivência no ambiente oral de elevado cisalhamento. Todos estes factores são consistentes com a sugestão de que estas adesinas contribuem para a formação de uma comunidade de placa bacteriana multi-espécies.

SIGNIFICADO ECOLÓGICO DA COAGREGAÇÃO BACTERIANA

Ao considerar os benefícios que a coagregação confere às parcerias bacterianas, é provável que a força e a especificidade das interações estejam sujeitas à seleção natural. Dado que a maior parte das bactérias existe em ambientes com condições flutuantes (por exemplo, forças de cisalhamento, disponibilidade de nutrientes ou condições fisiológicas), as bactérias das comunidades coagregadas sobreviverão e proliferarão em condições que reduzem a prevalência de células individuais não coagregadas.
As células coagregadas num substrato podem possuir uma vantagem metabólica combinada em relação às células isoladas. Palmer et al. demonstraram recentemente, utilizando um modelo in vitro de placa dentária, que a parceria de coagregação de S. oralis e A. naeslundii formava uma relação mutualista e nutricionalmente benéfica que permitia a cada uma delas crescer onde nenhuma crescia sozinha. Este mutualismo também foi relatado em sistemas modelo de placa dentária contendo muitas espécies de bactérias orais que utilizam a mucina como a principal fonte de carbono, azoto e energia. O catabolismo da mucina envolve a ação sinérgica de várias espécies com padrões sobrepostos de atividade enzimática. Bradshaw et al mostraram que essa cooperação metabólica resulta na libertação de nutrientes adicionais, o que pode ajudar a manter a diversidade caraterística das comunidades de biofilme encontradas em muitos habitats naturais. Nessas relações, a proximidade dos organismos participantes, provocada pela coagregação, maximizaria a eficiência do consórcio.

Assim, é provável que processos específicos de coagregação tenham um papel ecológico importante como processo integral no desenvolvimento e manutenção de comunidades de biofilmes de espécies mistas

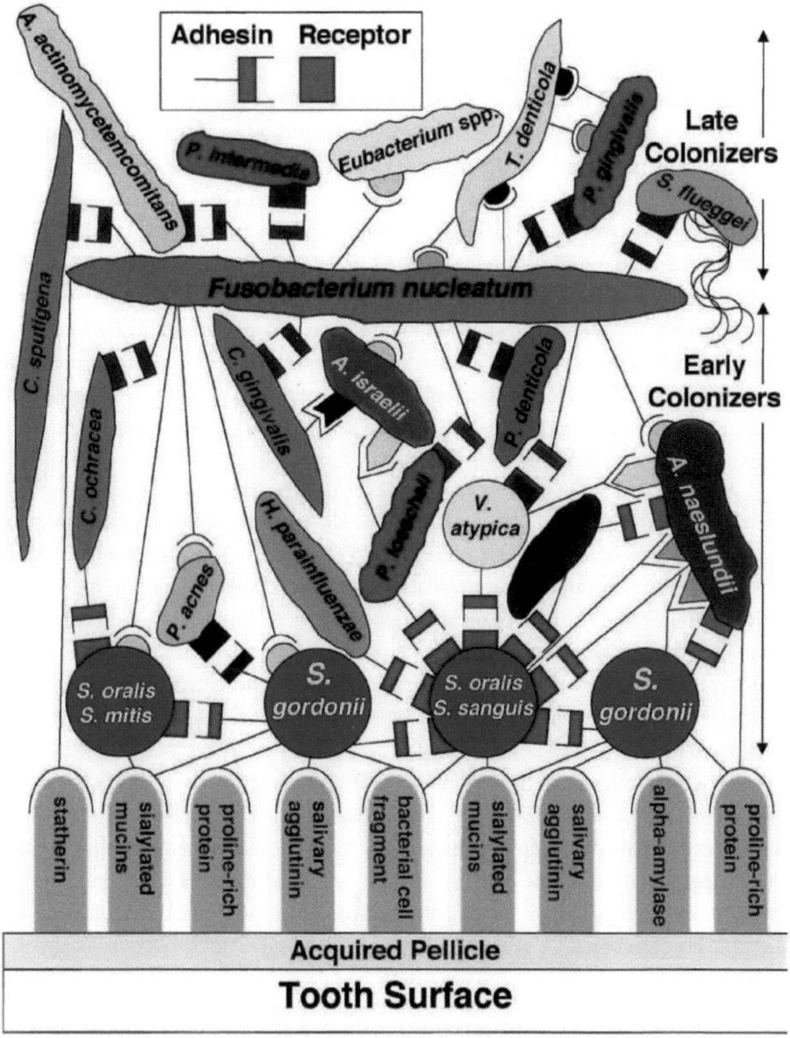

Figura 2. Representação esquemática das coagregações que se sabe ocorrerem entre pares de bactérias orais

> DISPERSÃO DAS CÉLULAS DO BIOFILME

Num biofilme maduro, as bactérias abandonam o biofilme por desprendimento de uma única célula ou por desprendimento de um conjunto de células. O modelo de dispersão do biofilme inclui erosão, descamação e sementeira. Podem ser explicadas pelo menos duas razões possíveis para o desprendimento. A primeira deve-se ao facto de os nutrientes presentes no local original serem limitados e as bactérias terem de localizar um novo local com mais nutrientes para crescer. Esta razão de procura de nutrientes pode ainda ser dividida em dispersão ativa e dispersão passiva. A dispersão ativa é conduzida pela própria bactéria, enquanto a dispersão passiva é conduzida por outras espécies bacterianas que competem pelo nutriente com esta bactéria. A segunda razão é a defesa do hospedeiro, como a força de cisalhamento da saliva, que tenta limitar o desenvolvimento do biofilme.

Uma vez formado o biofilme, a composição de espécies num local é caracterizada por um certo grau de estabilidade ou equilíbrio entre as espécies componentes, apesar de pequenos stresses ambientais regulares resultantes, por exemplo, de higiene oral periódica, ingestão de alimentos ou alterações diurnas no fluxo de saliva. É importante notar que esta estabilidade (denominada homeostase microbiana) não se deve a qualquer indiferença biológica entre os organismos residentes, mas sim a um equilíbrio dinâmico imposto por numerosas interações microbianas, incluindo exemplos de sinergismo e antagonismo. As bactérias respondem às alterações ambientais e a homeostase microbiana pode quebrar-se se um parâmetro-chave exceder o limiar compatível com a estabilidade da comunidade. Uma consequência da quebra da homeostase é a reorganização da estrutura e da composição da comunidade microbiana, com espécies anteriores que eram apenas componentes menores a tornarem-se mais competitivas sob as novas condições e, como resultado, mais dominantes. Esta alteração na composição e atividade da comunidade pode predispor um local para a doença.

2. COMUNICAÇÃO

Inerente ao funcionamento de qualquer comunidade está a necessidade de transferência de informação entre indivíduos para coordenar o comportamento, quer este se baseie em interações cooperativas ou competitivas. As bactérias dos dentes humanos desenvolveram os meios para comunicar e, assim, formar organizações bem sucedidas. Estas espécies bacterianas coevoluíram com o seu hospedeiro para estabelecer uma relação altamente sofisticada em que bactérias patológicas e mutualistas coexistem em homeostasia. É improvável que várias espécies dentro do biofilme oral funcionem como constituintes independentes e discretos, em vez disso, funcionam como uma comunidade coordenada que utiliza a comunicação intra e inter-espécies. É provável que as vias de comunicação entre estas populações em constante mudança incluam o intercâmbio de metabolitos, o reconhecimento célula-célula, o intercâmbio genético e as moléculas de sinalização produzidas pelo hospedeiro e por outras bactérias. É provável que ocorra um concerto de métodos de comunicação para estabelecer organizações comunitárias transitórias. As espécies que participam nestas comunidades orais competem e cooperam no caminho para estabelecer uma comunidade clímax (Kolenbrander et al., 2008

MECANISMOS DE COMUNICAÇÃO

A comunicação é o processo através do qual os organismos transmitem informações sob a forma de sinais de um emissor para um recetor e induzem respostas como mudanças de comportamento ou alteração da expressão genética no recetor (Surette, 2006). Neste contexto, um sinal é uma substância que evoluiu especificamente para provocar respostas no organismo recetor. Em teoria, os sinais que evoluíram ao longo de muitas gerações especificamente com o objetivo de transmitir informações de uma célula para outra devem ser robustos e bem sintonizados, porque os custos de produção do sinal devem ter sido compensados pelos benefícios da comunicação. Caso contrário, o sinal não teria sido bem sucedido através da seleção natural. Há uma grande probabilidade de que as estratégias concebidas para interferir com estes sinais diminuam a capacidade das bactérias comunicantes para formar associações mutualistas. Por outro lado, os sinais químicos são frequentemente produtos do metabolismo bacteriano e, como tal, não têm custos de produção. O organismo que produz o sinal pode não estar a enviar deliberadamente uma mensagem. No entanto, a informação sobre o emissor é comunicada ao recetor e resulta numa alteração da expressão genética e do fenótipo. Existem muitos exemplos de metabolitos secundários que são produzidos por alguns membros de comunidades microbianas e detectados por

outros, e este tipo de comunicação metabólica desempenha um papel importante no desenvolvimento de comunidades de biofilme variadas (Monds & O'Toole, 2008)
São várias as modalidades de comunicação entre os microrganismos no biofilme oral:
(1) contacto físico,
(2) comunicação metabólica,
(3) comunicação de pequenos sinais,
(4) intercâmbio genético

3. INTERACÇÕES ENTRE RESIDENTES NO BIOFILME

A cavidade oral contém comunidades microbianas complexas e multiespecíficas. Isto sugere que os residentes nesta comunidade devem apresentar interações extensas enquanto formam estruturas de biofilme, desempenham funções fisiológicas e induzem a patogénese microbiana. As interações incluem:

(i) Competição entre bactérias por nutrientes,

(ii) Interações sinérgicas que podem estimular o crescimento ou a sobrevivência de um ou mais residentes,

(iii) Produção de um antagonista por um residente que inibe o crescimento de outro,

(iv) Neutralização de um fator de virulência produzido por um organismo por outro residente, e

(v) Interferência nos mecanismos de sinalização dependentes do crescimento de um organismo por outro.

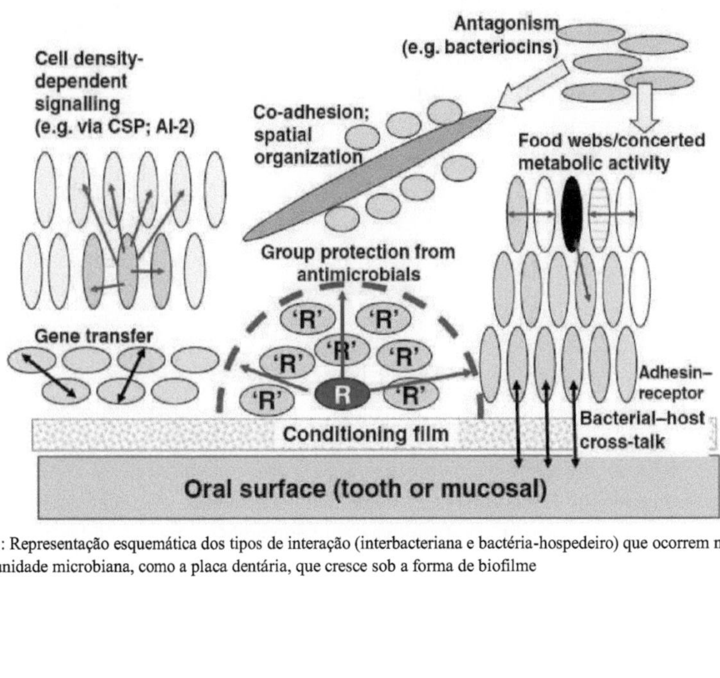

Fig 3: Representação esquemática dos tipos de interação (interbacteriana e bactéria-hospedeiro) que ocorrem numa comunidade microbiana, como a placa dentária, que cresce sob a forma de biofilme

[TABELA 1: Descrição dos vários benefícios das comunicações entre espécies em biofilmes.

Communication	
Increase chances of survival	Protection from environment
(i) Primary colonisers provide site for the adherence of the secondary colonisers. (ii) Coaggregation *bridge* allows anaerobes to come together and interact which normally do not coaggregate. (iii) Metabolic interactions which makes the biofilm environment favourable for the survival of bacterial species. (iv) Signaling molecules to regulate cell behavior in response to environmental changes. (v) Genetic exchange increases the pathogenicity of microbes.	(i) Extracellular polymorphic substance restricts the diffusion of antimicrobials from the surrounding environment. (ii) Horizontal gene transfer which provides antibiotic resistance.

COOPERAÇÃO EM BIOFILME

Quase todas as bactérias na natureza crescem em comunidades de biofilme, onde as bactérias funcionam como uma sociedade bem organizada. As células bacterianas em biofilme adquirem caraterísticas distintivas em comparação com as células planctónicas. O biofilme oferece muitas vantagens para a reprodução, o metabolismo e a defesa das bactérias contra outras bactérias ou o hospedeiro.

COMUNICAÇÃO METABÓLICA

A base da comunicação metabólica do biofilme é a coagregação, que proporciona às células um acesso próximo e torna a comunicação mais conveniente entre as espécies bacterianas.

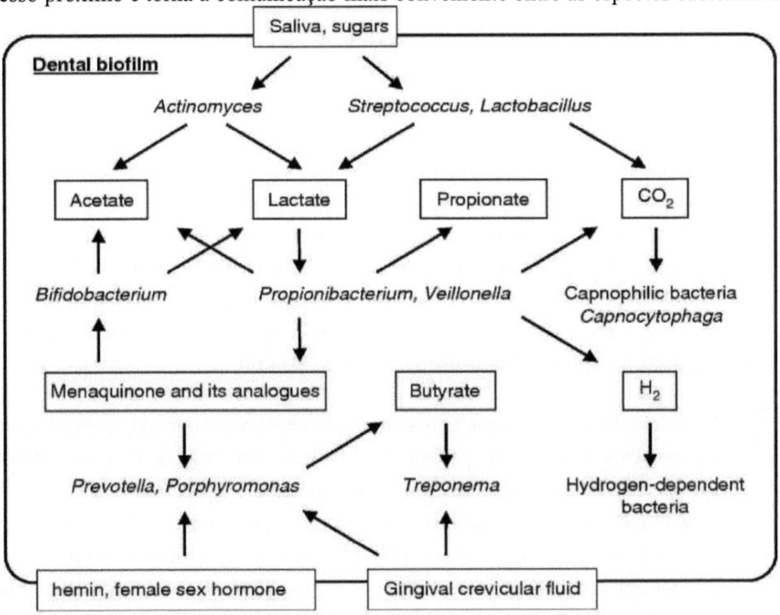

Figura 4. Ilustração das relações metabólicas representativas entre as bactérias orais nas comunidades de biofilme dentário.

A comunicação metabólica entre as bactérias orais ocorre através de:

a) **Substância polimérica extracelular (EPS)**: Todos os biofilmes contêm EPS, embora o tipo de EPS nos biofilmes varie de um biofilme para outro devido ao estado de crescimento bacteriano e aos substratos para o metabolismo bacteriano. Uma vez que quase todas as espécies bacterianas no biofilme podem sofrer biossíntese e degradar EPS, o EPS torna-se o meio de comunicação entre as espécies bacterianas. Outras funções do EPS são fornecer abrigo às bactérias, uma vez que o EPS reticulado pode bloquear agentes nocivos fora do biofilme e reter nutrientes do ambiente para uma concentração local mais elevada de nutrientes e enzimas extracelulares para uma melhor biossíntese do substrato. Os EPS ajudam o biofilme a manter as estruturas do biofilme. Embora as estruturas do biofilme mudem de acordo com as espécies bacterianas no biofilme e os nutrientes disponíveis no ambiente, o EPS adapta-se a uma nova confirmação e torna-se compatível com os requisitos do biofilme. O EPS também influencia a troca de ferro nos biofilmes e controla as caraterísticas hidrofílicas ou hidrofóbicas do próprio biofilme.

b) O metabolismo e as trocas de **oxigénio** no biofilme entre diferentes espécies aeróbias e anaeróbias obrigatórias desempenham um papel especialmente importante para a sobrevivência dos anaeróbios obrigatórios. É difícil para as espécies de anaeróbios obrigatórios viverem num ambiente aeróbio sem a cooperação de espécies aeróbias. As espécies aeróbias consomem o oxigénio no ambiente, o que resulta num nível mais baixo de concentração de oxigénio e produz uma gradação do potencial redox local que proporciona condições anaeróbias locais. O ambiente anaeróbio local é a base da sobrevivência das espécies anaeróbias obrigatórias. *A F. nucleatum* é uma bactéria-ponte importante que pode agregar-se tanto a espécies aeróbias como a espécies anaeróbias obrigatórias, permitindo que as duas espécies vivam juntas. Sem a *F. nucleatum*, o número de espécies anaeróbias obrigatórias diminuiria drasticamente na cavidade oral.

c) As interações metabólicas cooperativas também são sugeridas pela observação de que certas espécies bacterianas podem modificar o microambiente local, tornando-o mais adequado para o crescimento de outras espécies. Por exemplo, foi observado que *F. nucleatum* e *P. intermedia* podem crescer numa ampla gama de pH de 5,0 a 7,0, enquanto *P. gingivalis* é suscetível a níveis de pH inferiores a 6,5. Um estudo recente realizado por Takahashi demonstrou que, ao utilizar os ácidos glutâmico e aspártico, os dois principais aminoácidos do fluido crevicular e da saliva, como substratos de fermentação, *a F. nucleatum* e *a P. intermedia* podem gerar amoníaco, bem como ácidos orgânicos. Isto contribui para um pH mais neutro na placa dentária e evita quedas graves do pH, mesmo na presença de bactérias do ácido lático e de hidratos de carbono fermentáveis. Assim, as espécies sensíveis ao ácido, como a *P. gingivalis*, estão protegidas contra o ataque ácido.

d) **Nutrientes**: Um fator importante na determinação da composição bacteriana de um biofilme é claramente a disponibilidade de nutrientes. Os organismos que se adaptaram a ambientes específicos, como a cavidade oral, desenvolveram vias metabólicas para utilizar eficientemente os nutrientes disponíveis em cada nicho ecológico específico. Para os residentes nos biofilmes orais, os nutrientes estão disponíveis a partir da ingestão periódica de alimentos, saliva e nutrientes fornecidos por outros organismos, bem como polissacáridos presentes na placa dentária. Os metabolitos de um organismo podem ser utilizados como nutrientes por difusão ou através da decomposição do substrato pela atividade enzimática de

um organismo que torna o substrato disponível para outro organismo. Por exemplo:
1) A dessialilação da IgA por bastonetes Gram positivos pode facilitar a atividade proteolítica de outras bactérias.

2) A alimentação cruzada nutricional entre *T. denticola* e *P. gingivalis* envolve a utilização por *P. gingivalis* de succinato produzido por *T. denticola* e, por sua vez, o crescimento de *T. denticola* é estimulado pelo ácido isobutírico gerado como um produto final metabólico por P. gingivalis. O crescimento de *T. denticola* também pode ser aumentado por substratos proteicos produzidos por *P. gingivalis.*

3) Metabolitos secundários: Os ácidos gordos de cadeia curta produzidos pelas bactérias orais são uma fonte de carbono essencial para certas bactérias. Por exemplo, a associação simbiótica entre *Streptococcus* e *Veillonella* é atribuída à produção de ácido lático pelos primeiros. Além disso, foi demonstrado in vivo que *as Veillonellae* não são capazes de colonizar a superfície do dente sem os estreptococos como parceiros metabólicos e que se desenvolvem populações maiores de *Veillonellae* em co-cultura com estreptococos que as reconhecem como parceiros de coagregação do que em co-cultura com estreptococos com os quais não coagregam.

4) Vitamina K: A vitamina K tem frequentemente um efeito altamente estimulante ou é necessária para a maioria das estirpes de *Prevotella* e *Porphyromonas*. A vitamina K não é sintetizada nos seres humanos; por conseguinte, sabe-se que os microrganismos auxotróficos que necessitam de vitamina K a adquirem das bactérias presentes no biofilme dentário. Pensa-se que as espécies de *Veillonella* - um componente ubíquo dos biofilmes dentários - produzem menaquinona (vitamina K2), que é depois utilizada por *Prevotella* e *Porphyromonas* (Marcotte e Lavoie, 1998). Do mesmo modo, as quininas e os seus compostos relacionados estimulam o crescimento de *Bifidobacterium* (Mori *et al.,* 1997). O precursor da menaquinona, o ácido 1,4-dihidroxi-2-naftóico, também promove ativamente o crescimento de *P. gingivalis* e *Bifidobacterium* (Isawa *et al.,* 2002). Este precursor encontra-se em regiões extracelulares no sobrenadante de cultura de espécies de *Propionibacterium* (Isawa *et al.,* 2002; Furuichi *et al.,* 2007; Kouya *et al.,* 2007) e de espécies de *Lactococcus.* A menaquinona é um componente da membrana bacteriana; por conseguinte, os microrganismos auxotróficos de vitamina K não podem utilizar este fator de crescimento, a menos que as bactérias produtoras de menaquinona morram e a libertem das suas membranas celulares. Assim, foi proposto que os factores de crescimento extracelulares semelhantes à

vitamina K produzidos por *Propionibacterium* e *Veillonella* influenciam diretamente o crescimento das bactérias auxotróficas da vitamina K.

5) Quinonas exógenas: Várias quinonas exógenas influenciam o crescimento e o metabolismo das bactérias. Pensa-se que as quinonas exógenas actuam como aceptores de electrões no metabolismo bacteriano (Yamamoto *et al.*, 2006). Por exemplo, o papel de uma quinona exógena no *Streptococcus agalactiae* que se encontra no intestino humano e no trato urogenital feminino. Yamamoto *et al.* sugeriram que a quinona exógena contribui para a mudança metabólica do metabolismo anaeróbico para a respiração, e que esta mudança metabólica foi relevante para a virulência no modelo de septicemia amurina.

6) Foram demonstradas interações sinérgicas ou mutualísticas entre dois organismos em biofilmes que parecem estar dependentes da saliva, para *Actinomyces naeslundii* e *Streptococcus oralis*. Qualquer um dos organismos, por si só, é um mau colonizador de superfícies revestidas de saliva, mas juntos formam biofilmes extensos nessas mesmas superfícies. Isto parece resultar das actividades metabólicas combinadas dos dois organismos no metabolismo dos componentes salivares.

e) **Virulência reforçada**: Foi relatado que o sinergismo entre duas ou mais espécies bacterianas orais diferentes aumenta a virulência em muitos modelos animais. Quando co-infectados com *P. gingivalis* e *T. forsythia* num modelo de abcesso murino, os animais desenvolvem lesões maiores e taxas de mortalidade mais elevadas do que após a infeção por uma única espécie. Também foram registados efeitos sinérgicos entre *P. gingivalis* e *F. nucleatum, P. gingivalis* e *T. denticola,* e *P. gingivalis* e *A. actinomycetemcomitans* em modelos de abcessos murinos. Embora as interações metabólicas cooperativas possam não ser capazes de explicar totalmente o aumento da virulência das infecções multiespecíficas em comparação com as monoinfecções, podem desempenhar um papel importante na obtenção de um maior crescimento dos agentes patogénicos, promovendo assim o início e a aceleração do processo de infeção.

TOLERÂNCIA AOS AGENTES ANTIMICROBIANOS

As bactérias que crescem em biofilmes, como a placa dentária, apresentam uma maior tolerância a agentes antimicrobianos, incluindo os utilizados em dentífricos e enxaguantes bucais. Por exemplo, as concentrações de clorexidina e fluoreto de amina necessárias para matar o *Streptococcus sobrinus* que cresce num biofilme estabelecido foram 300 e 75 vezes superiores, respetivamente, à concentração bactericida mínima contra células planctónicas.

Da mesma forma, foi necessário administrar 10-50 vezes a concentração inibitória mínima de clorexidina para eliminar biofilmes de Streptococcus sanguinis. A idade do biofilme também é um fator significativo; os biofilmes mais antigos de *S. sanguinis* ou *A. actinomycetemcomitans* foram mais tolerantes à clorexidina ou aos antibióticos, respetivamente, do que os biofilmes mais jovens. Também se demonstrou que os biofilmes de várias espécies de bactérias orais são mais tolerantes aos antibióticos (por exemplo, amoxicilina, doxiciclina, minociclina e metronidazol) do que as células planctónicas, embora a falta de sensibilidade varie com o organismo, o sistema modelo e o inibidor utilizado.
A microscopia confocal de biofilmes naturais estabelecidos in situ mostrou que a clorexidina apenas afectava as camadas exteriores das células em biofilmes de placas de 24 e 48 horas, sugerindo a extinção do agente na superfície do biofilme ou uma falta de penetração.

Os biofilmes podem proteger as bactérias de um ambiente desafiante com vários mecanismos de defesa do hospedeiro dirigidos às bactérias ou proteger dos antibióticos aplicados. Os antigénios das bactérias do biofilme estão escondidos na matriz do biofilme e tornam-se menos susceptíveis ao sistema imunitário do hospedeiro. A lesão física do biofilme também pode ser reduzida pela matriz do biofilme. A curta distância entre as células bacterianas torna mais frequentes as comunicações metabólicas célula-a-célula. Os cientistas postularam uma conceção de "**hipótese de seguro**", que afirmava que uma única espécie era mais vulnerável ao ambiente do que várias espécies. Se houver mais espécies no biofilme e a estrutura do biofilme for mais complexa e madura, a resistência aos antibióticos é maior. A resistência aos antibióticos das células bacterianas no biofilme foi relatada como sendo 1.000 a 1.500 vezes maior do que a resistência das células planctónicas. Os genes de resistência aos antibióticos podem ser transferidos entre células bacterianas dentro do biofilme, resultando numa resistência aos antibióticos em todo o biofilme.34 O portador comum dos genes de resistência são os plasmídeos, que são espécies circulares de ADN de cadeia dupla que se apresentam principalmente nas bactérias. A replicação dos plasmídeos é independente da replicação do ADN cromossómico e o número de plasmídeos numa célula é muito variável. Os plasmídeos com genes de resistência a antibióticos são obtidos por conjugação bacteriana. **Sedlacek e Walker** compararam o efeito antibiótico entre o biofilme e as células planctónicas. Foram investigadas 19 espécies subgengivais: *Actinomyces naeslundii, Actinomyces meyeri, espécies de Bacteroides*, espécies de *Bifidiobacterium*, espécies de *Campylobacter*, espécies de Eubacterium, *Fusobacterium alocis, F.nucleatum, Faecalibacterium prausnitzii, P. intermedia/nigrescens, Prevotella loescheii, Streptococcus intermedius, Streptococcus parasanguis, Streptococcus sanguinis* (anteriormente designado *Streptococcus sanguis*), *Veillonella atypical* e *Veillonella parvula.* Tanto as células do biofilme como as células planctónicas foram tratadas com tetraciclina, amoxicilina e clindamicina com uma gama de concentrações de 0 a 2.048 pg/ml. Quase todas as células do biofilme apresentaram uma concentração inibitória mínima (CIM) mais elevada em comparação com as suas células planctónicas relativas. *A. naeslundii,* espécies de *Campylobacter, F. nucleatum, P. intermedia/nigrescens, P. loescheii, S.intermedius, S. parasanguis, S. sanguinis, V. atypical* e *V. parvula* demonstraram aumentos muito significativos (4-250 vezes) da resistência aos antibióticos entre as células do biofilme e as células planctónicas. Para além disso, a resistência aos antibióticos varia de um antibiótico para outro. **Sedlacek e Walker** descobriram que as concentrações para inibir o crescimento de *F. nucleatum* são 256, 128 e 64 pg/ml para a tetraciclina, a amoxicilina e a clindamicina, respetivamente. Para além disso, a resistência aos antibióticos varia de uma espécie bacteriana para outra. Por exemplo, a CIM da tetraciclina em células de biofilme de uma única espécie foi de 64 pg/ml para a *A. meyeri,* mas de 512-2.048 pg/ml para a *A. naeslundii.*

Devido à natureza heterogénea dos biofilmes dentários, pensa-se que existem múltiplos mecanismos de tolerância (Gilbert *et al.*, 2002; Patel, 2005; Anderson e O'Toole, 2008). Estes incluem:

1. É provável que a matriz extracelular restrinja fisicamente a difusão de agentes antimicrobianos.

2. Parece que o crescimento lento nos biofilmes dentários contribui para a resistência aos biocidas devido a uma menor sensibilidade à destruição dependente do crescimento.

3. Existem factores de resistência, como as enzimas que inactivam os medicamentos. Por exemplo, a 0-lactamase provoca a degradação dos antibióticos 0-lactâmicos. Além disso, a degradação de antibióticos por uma espécie bacteriana vizinha é benéfica para outras bactérias orais que não podem produzir as enzimas.

CONCORRÊNCIA NO BIOFILME

Embora existam interações cooperativas de nutrientes e colonização na comunicação do biofilme dentário, existe uma competição estreita com antagonistas. As espécies bacterianas competem por nutrientes, locais de ligação e pela oportunidade de sobreviver. São vários os mecanismos de competição adoptados pelas bactérias, incluindo

a) BACTERIOCINAS

As bactérias também são capazes de gerar produtos que podem exercer efeitos específicos ou não específicos sobre outras bactérias. Os principais exemplos de efeitos específicos são os que envolvem a expressão de bacteriocinas por algumas bactérias. É provável que as bacteriocinas sejam uma arma formidável no arsenal de uma bactéria oral, uma vez que esta compete pelos nutrientes restritos e pela posição limitada com outras bactérias no biofilme dentário. As bacteriocinas são definidas como substâncias bactericidas proteicas produzidas por bactérias para inibir o crescimento de espécies ou estirpes bacterianas estreitamente relacionadas. Ao contrário dos antibióticos tradicionais, têm frequentemente um espetro de ação estreito e inibem o crescimento de organismos relacionados (Cleveland, J et al., 2001). No que se refere à placa dentária, foi demonstrado que as estirpes de *S. mutans* produzem várias bacteriocinas distintas, também designadas mutacinas (Caufield, 2001). De facto, muitas espécies de estreptococos orais têm demonstrado produzir uma variedade de bacteriocinas peptídicas. *O S. mutans* é capaz de produzir pelo menos cinco bacteriocinas diferentes, as mutacinas I a V. As mutacinas I, II e III pertencem aos lantibióticos contendo lantionina com um espetro antimicrobiano relativamente amplo, enquanto as mutacinas IV e V são não-lantibióticos não modificados, sendo a mutacina IV especificamente ativa contra membros do grupo mitis de estreptococos orais. Uma pesquisa mais recente no genoma da estirpe UA159 de *S. mutans* revelou pelo menos nove outros genes putativos codificadores de mutacinas, sugerindo um vasto repertório ou "arsenal" que pode ser utilizado contra os seus concorrentes (Hale et al., 2005). Numerosos estudos sugeriram que a atividade de mutacina de *S. mutans* poderia estar relacionada com a sua prevalência e estabelecimento bem sucedido no biofilme dentário. Algumas destas bacteriocinas são também capazes de inibir o crescimento de estirpes de *S. sanguinis*, e estes inibidores podem ser responsáveis, em parte, pela presença de níveis relativamente baixos de estirpes de *S. sanguinis* na placa bacteriana que contém elevadas proporções de *S. mutans.* Assim, a expressão de bacteriocinas por alguns residentes do biofilme pode determinar que outros organismos são co-residentes nestas estruturas. Também foi relatado que uma nova bacteriocina de 56 kDa produzida por *Lactobacillus paracasei* HL32 inibe o crescimento de *P. gingivalis, Prevotella intermedia, Tannerella forsythensis, S. salivarius* e *S. sanguinis* (Pangsomboon *et al.*, 2009). As bacteriocinas podem também afetar as interações interespécies, actuando como análogos de moléculas de sinalização. Por exemplo, as bacteriocinas lantibióticas produzidas por *Streptococcus pyogenes* e *Streptococcus salivarius* são estruturalmente semelhantes e podem interagir com os sistemas de sinalização de dois componentes um do outro. Ambos os organismos podem colonizar as superfícies das mucosas e podem inibir o crescimento do outro através da antagonização da sinalização dependente do crescimento. Desta forma, as estirpes comensais de *S. salivarius* podem impedir a formação de biofilme por estirpes virulentas de *S. pyogenes.*

Foi também sugerido que outros agentes antimicrobianos, para além das bacteriocinas, podem ter efeitos nos sistemas de transdução de sinal de algumas bactérias. Tais agentes incluem antibióticos inicialmente caracterizados como inibidores de crescimento. Podem ter uma atividade de sinalização anteriormente não reconhecida em concentrações sub-letais. Se isso for verdade, essas interações podem ter efeitos na expressão de genes de virulência e de genes dependentes do biofilme.

Foi demonstrado que muitas bactérias orais utilizam compostos semelhantes a bacteriocinas para competir com outras espécies. Utilizando métodos de sobreposição e difusão em ágar, **Teanpaisan et al.** demonstraram a produção e a sensibilidade à atividade semelhante à bacteriocina entre estirpes de anaeróbios de pigmentação negra, incluindo *P. gingivalis, P. intermedia* e *Prevotella nigrescens,* isoladas de locais periodontais. Subsequentemente, o mesmo grupo isolou e identificou o determinante genético da nigrescina, uma nova bacteriocina de 41 kDa que é produzida por *P. nigrescens* e apresenta um efeito bactericida contra *P. gingivalis, P. intermedia, T. forsythia* e *Actinomyces* spp. (Kaewsrichan et al., 2004)

As actividades das bacteriocinas ou semelhantes às bacteriocinas também foram comunicadas e bem documentadas para outras bactérias orais, tais como *P. intermedia* , *Capnocytophaga ochracea* , *A. actinomycetemcomitans* , *Haemophilus influenzae* , *F. nucleatum* e *E. corrodens* . No entanto, as suas propriedades bioquímicas e determinantes genéticos ainda não foram bem caracterizados. Recentemente, a sequência do genoma de *T. denticola* revelou ainda pelo menos três sistemas potenciais de secreção de bacteriocinas, sugerindo uma possível produção de bacteriocinas também por esta espécie (Haselkorn et al., 2004)

Alguns estudos moleculares e genéticos recentes revelaram que a produção de bacteriocinas é um evento bem regulado que é afetado tanto por condições ambientais, como a densidade celular, a disponibilidade nutricional e o pH, como por factores genéticos. Estes sistemas reguladores asseguram que as bacteriocinas são produzidas no momento e no local certos, de modo a poderem ser eficazmente utilizadas para actividades de "guerra e paz" no seio de uma comunidade microbiana oral.

A estabilidade da comunidade microbiana só pode ser alcançada quando é estabelecido um equilíbrio natural entre as diferentes espécies dentro do mesmo nicho biológico, e este equilíbrio é frequentemente o resultado das constantes actividades de "guerra e paz" vividas por todos os membros da biocomunidade. A produção e a sensibilidade a certas bacteriocinas ou actividades semelhantes às bacteriocinas entre as bactérias orais podem permitir que as bactérias seleccionem os seus vizinhos, promovam o estabelecimento de uma comunidade com espécies bacterianas específicas e desempenhem um papel importante no equilíbrio ecológico do ecossistema oral.

b) PERÓXIDO DE HIDROGÉNIO

Os estreptococos orais produzem peróxido de hidrogénio, que, como forte oxidante, é tóxico para as bactérias; no entanto, os estreptococos estão protegidos contra a auto-dano oxidativo em comunidades mistas com Actinomyces naeslundii. O peróxido de hidrogénio pode também atuar como uma molécula de sinalização para A. actinomycetemcomitans. Quando em co-cultura com estreptococos, A. actinomycetemcomitans apresenta uma maior resistência à morte por soro humano. O peróxido de hidrogénio é detectado pelo regulador da resposta ao stress oxidativo, OxyR, que induz a regulação positiva da proteína de resistência ao complemento, ApiA, em A. actinomycetemcomitans.

c) METABÓLITOS SECUNDÁRIOS: os produtos metabólicos de um organismo têm efeitos noutros organismos dentro dos mesmos biofilmes. Por exemplo, a placa dentária que contém proporções relativamente elevadas de *S. mutans* produz geralmente baixos níveis de estirpes de *S. sanguinis*. Os primeiros organismos podem metabolizar os açúcares em ácido lático, que é o produto ácido mais forte da maioria das bactérias. Uma vez que as estirpes de *S. mutans* são geralmente mais acidúricas do que os membros da família *S. sanguinis*, a produção de ácido lático favorece o crescimento de *S. mutans* relativamente ao de outros estreptococos orais. Por outro lado, os membros do grupo *S. sanguinis* são produtores de peróxido de hidrogénio, um agente antimicrobiano inespecífico que tem um efeito antagónico sobre outros co-residentes, como o *S. mutans,* que não expressa sistemas eficazes para metabolizar este produto tóxico.

d) *S. oligofermentans* também pode metabolizar o ácido lático produzido por *S. mutans.* Este estreptococo oral não cariogénico também demonstrou inibir o crescimento de *S. mutans.* O mecanismo deste efeito inibitório é bastante singular. *O S. oligofermentans,* utilizando a atividade enzimática da lactato oxidase, converte o ácido lático, um subproduto normalmente inibidor do crescimento segregado pelo *S. mutans,* em peróxido de hidrogénio, uma substância que é altamente tóxica para este último organismo.

4. INTERCÂMBIO GENÉTICO ENTRE OS RESIDENTES DO BIOFILME

Outra interação que pode ter consequências importantes para a fisiologia dos biofilmes, bem como consequências evolutivas, é a troca genética entre os residentes do biofilme. A acumulação de dados que catalogam as sequências genómicas de várias bactérias torna clara a ubiquidade da transferência horizontal de genes em muitos nichos ecológicos. É provável que o ambiente no interior dos biofilmes, incluindo a placa dentária, seja propício ao intercâmbio genético devido à grande proximidade dos residentes.
A sequenciação do genoma de algumas bactérias orais também demonstrou a presença de "ilhas de patogenicidade" nos cromossomas de organismos como a *P. gingivalis,* com rácios G+C distintos do resto do cromossoma (Curtis et al., 1999). Isto sugere a transferência de tais sequências genéticas específicas de outros organismos para *P. gingivalis.* Muito recentemente, utilizando um ensaio in vitro, **Tribble** et al. demonstraram que *P. gingivalis* é capaz de transferir ADN cromossómico entre diferentes estirpes. Embora tais trocas ainda não tenham sido diretamente demonstradas na placa dentária, a grande proximidade das bactérias nestes biofilmes torna tais interações altamente plausíveis. A troca de marcadores de resistência a antibióticos entre bactérias orais e bactérias transitórias destinadas a sítios não orais poderia também ter uma relevância médica significativa.

Os mecanismos potenciais que medeiam o intercâmbio genético nos biofilmes podem incluir a conjugação, a transformação e a transdução.

1. CONJUGAÇÃO: uma bactéria, o dador, transfere um plasmídeo conjugativo para outra bactéria, o recetor. A conjugação envolvendo estreptococos orais foi demonstrada há mais de 30 anos, embora não tenha sido diretamente demonstrada em biofilmes.
2. TRANSFORMAÇÃO: O ADN que está localizado fora da célula é fragmentado e depois importado para a célula bacteriana. Posteriormente, o ADN substitui um pedaço do ADN original no cromossoma através de recombinação.
3. TRANSDUÇÃO: a transferência de ADN é efectuada com a ajuda de bacteriófagos.

Mais recentemente, foi demonstrado com biofilmes in vitro que um plasmídeo de vaivém presente em *T. denticola* podia ser transformado em *S. gordonii.* Por conseguinte, é razoável especular que os fragmentos cromossómicos poderiam ser trocados entre estreptococos orais naturalmente transformáveis que residem em biofilmes. Isto foi ainda sugerido pela demonstração de que a lise de células em biofilmes in vitro de *S. mutans* liberta fragmentos de ADN que podem transformar células intactas próximas. Embora a transdução tenha sido demonstrada em bactérias orais individuais, ainda não foi observada a troca genética entre espécies diferentes mediada por bacteriófagos. Devido a estes resultados com bactérias individuais do biofilme oral, é provável que a troca genética possa ocorrer na placa dentária.

Um dos exemplos mais fascinantes em relação ao intercâmbio genético na comunidade bacteriana oral é o estudo recente relatado por **Kreth** et al. Nesse relatório, foi observado que a CSP de *S. mutans* induziu a expressão coordenada de genes de competência e de produção de mutacina. Em culturas mistas *de* S. *mutans* e *S. gordonii* com um plasmídeo de vaivém, foi observada a transferência de ADN plasmídeo de *S. gordonii* para *S. mutans* de uma forma dependente de CSP e mutacina IV. . Com base nestes resultados, foi proposto que *S. mutans,* que reside num biofilme oral multiespecífico, pode utilizar a produção de bacteriocina induzida por competência para adquirir ADN transformador de outras espécies que vivem no mesmo nicho ecológico. Esta hipótese é consistente com a observação bem documentada de que existe uma grande diversidade genómica entre diferentes estirpes de *S. mutans*. Esta diversidade pode ter resultado de uma extensa transferência horizontal de genes.

5. DETECÇÃO DE QUÓRUM

Sugeriu-se que a formação de biofilmes resulta de um programa de desenvolvimento da expressão genética. De facto, foi demonstrado que o desenvolvimento e a manutenção do biofilme requerem uma vasta gama de determinantes genéticos e envolvem subpopulações bacterianas que desempenham diferentes funções. Um dos mecanismos reguladores que, segundo se sugere, desempenha um papel significativo na coordenação da formação de biofilmes em muitas espécies é a **sinalização intercelular, ou quorum sensing (QS)** (Parsek e Greenberg 2005)

O quorum-sensing é um processo de comunicação química entre bactérias; é definido como a regulação dos genes em resposta à densidade celular, que influencia várias funções, *nomeadamente* a virulência, a tolerância aos ácidos e a formação de biofilmes. Uma vez que as bactérias nos biofilmes atingem uma elevada densidade celular, o quorum-sensing é considerado uma das funções bacterianas importantes. Os microrganismos segregam uma grande variedade de pequenas moléculas que podem ser auto-reconhecidas de uma forma dependente da concentração e, subsequentemente, induzir ou reprimir a expressão de genes controlados por QS. Estes sinais QS podem ser classificados com base nas suas estruturas.

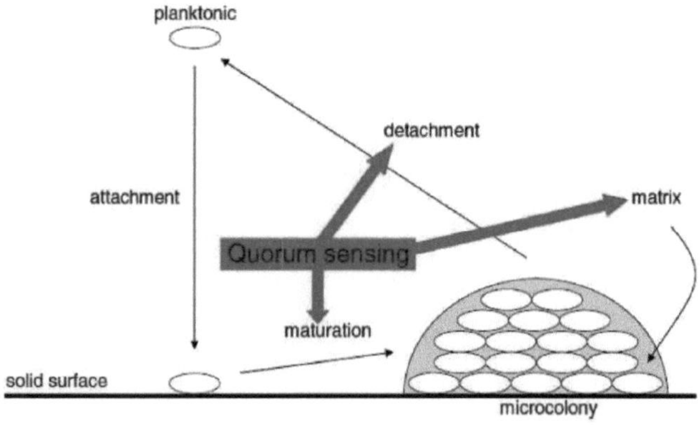

Figura 5. Ilustração dos QS envolvidos na regulação de diferentes etapas do desenvolvimento do biofilme, dependendo dos organismos e das condições de crescimento Relações metabólicas representativas entre as bactérias orais no interior do biofilme dentário

comunidades de biofilme

Diferentes sistemas de deteção de um quorum

O termo quorum sensing foi cunhado para descrever a sinalização microbiana mediada por moléculas secretadas auto-reconhecidas, também conhecidas como auto-indutores (Fuqua et al. 1994). Existem vários mecanismos moleculares para a sinalização intercelular em micróbios.

I. Lactonas de homoserina acilo

A sinalização por AHL foi descrita num grande número de espécies de a-, b- e g-proteobactérias Gram negativas (McDougald et al. 2006). Os sinais AHL consistem numa porção de lactona homoserina ligada por uma ligação amida a uma cadeia lateral de acilo. As acil homoserina lactonas (AHL) são geralmente detectadas através da ligação ou ativação de proteínas receptoras citoplasmáticas, que dimerizam quando a AHL se liga. As proteínas receptoras ligam-se assim às regiões promotoras dos genes-alvo e, em seguida, activam ou reprimem a transcrição dos genes. As AHL são produzidas e reconhecidas de forma única. Se uma espécie produz uma AHL, esta AHL especial normalmente só pode ser reconhecida pela mesma espécie. Os IAs do tipo AHL são detectados por uma quinase sensora, que é uma proteína híbrida de dois componentes ligada à membrana. O grupo fosforilo é transferido de um sensor cinase para uma proteína de fosfotransferência de histidina e, subsequentemente, para uma molécula reguladora de resposta.

2. ***Auto-influenciadores de péptidos***

Embora a sinalização AHL tenha sido encontrada exclusivamente em espécies bacterianas Gram-negativas, foi demonstrado que muitas espécies Gram-positivas utilizam péptidos para QS.

O péptido estimulador de competência (CSP) pode induzir alarmonas, que são moléculas de sinalização intracelular produzidas devido a factores ambientais adversos, e pode transmitir mensagens sofisticadas numa população, incluindo a indução de suicídio celular altruísta em condições de stress. A CSP é uma pequena molécula que induz a competência das bactérias e, em seguida, as bactérias podem obter ADN exógeno e alterar a informação genética. *A S. mutans* cresce normalmente nas superfícies de esmalte em biofilmes e é frequentemente considerada como o principal agente etiológico da cárie dentária nos seres humanos. *A Candida albicans* também é comummente encontrada na cárie dentária humana, onde *a S. mutans* interage com a *C. albicans. A S. mutans* inibe a capacidade *da C. albicans* de produzir tubos germinativos em coculturas, mesmo quando *a S. mutans* está fisicamente separada da *C. albicans*. Um estudo recente mostra que a molécula QS CSP, segregada durante as fases iniciais de crescimento *de S. mutans*, inibe a formação de tubos germinativos de *C. albicans*. Em *S. mutans,* os sistemas QS consistem em aproximadamente proteínas, incluindo uma CSP de 21 aminoácidos. Foi relatado que o gene *comC* codifica CSP, CSP é um precursor inativo nesse ponto, mas é então clivado e exportado pelo transportador ABC, ComAB. Em *S. mutans*, a competência genética e a produção de bacteriocinas são reguladas pelo sistema ComED, que detecta e responde especificamente à CSP. A CSP é sintetizada na célula e libertada para o meio extracelular, mediando o sistema QS. Quando a densidade bacteriana do biofilme aumenta, as moléculas de CSP no ambiente externo atingem um determinado limiar de concentração numérica e começam a regular a densidade bacteriana. As CSP podem regular as actividades fisiológicas de *S. mutans*, incluindo a formação de biofilme, a produção de bacteriocinas, a resposta ao stress, a tolerância aos ácidos e a conversão genética, etc. As moléculas de sinalização das CSP são altamente específicas de cada espécie. Uma CSP produzida por uma bactéria raramente interfere com a atividade de uma CSP produzida por uma bactéria diferente.

Eckert et al. desenvolveram um agente antibacteriano específico altamente inovador que utiliza a natureza específica das CSP, designado por péptidos antimicrobianos especificamente direcionados (STAMPs). Os STAMPs contêm dois domínios funcionais, o primeiro domínio é um domínio de péptido de orientação e o segundo domínio é um domínio de péptido antimicrobiano. O domínio antibacteriano reconhece *o S. mutans* e mata-o, mas não tem qualquer efeito sobre outros tipos de estreptococos não cariogénicos.

Assim, pensa-se que a competência natural é vantajosa como forma de comportamento de grupo, mas as CSP e outras moléculas QS baseadas em péptidos estão também implicadas na regulação de outros comportamentos associados a grupos em diferentes espécies Gram-positivas, como a formação de biofilme (Li et al. 2001) e a produção de bacteriocinas (van der Ploeg 2005).

3. ***Auto-indutor 2***

O auto-indutor 2 (AI-2) é um sinal QS produzido por algumas espécies de bactérias Gram-positivas e Gram-negativas. Foi inicialmente identificado em *Vibrio harveyi* (Bassler *et al.*, 1994) e, posteriormente, em várias espécies bacterianas. A síntese do AI-2 é catalisada pela LuxS, uma enzima codificada pelo gene *luxS*. O gene *luxS* é altamente conservado no genoma de uma vasta gama de bactérias Gram-positivas e Gram-negativas. Muitos estudos sugerem que as bactérias orais têm um sistema de deteção de quorum que depende de LuxS/AI-2. Por exemplo, verificou-se que um mutante *de P. gingivalis* deficiente em LuxS produzia baixos níveis de protease. Nesta estirpe mutante, as actividades de Arg-gingipaína e Lys-gingipaína eram aproximadamente 45% e 30% inferiores, respetivamente, às da estirpe parental, e o mutante apresentava uma redução de quatro vezes nas actividades de hemaglutinina (Burgess *et al.,* 2002). Além disso, foi registada uma expressão alterada de genes envolvidos na absorção de hemina e de ferro em mutantes deficientes em LuxS (Chung *et al*., 2001; James *et al.,* 2006). Yuan *et al.* (2005) compararam a expressão genética do tipo selvagem com a do mutante deficiente em LuxS de *P. gingivalis,* utilizando uma técnica de microarray. Os seus resultados sugerem que o gene *luxS* está envolvido na proteção de *P. gingivalis* contra o stress ambiental, como a temperatura, o peróxido de hidrogénio e o pH. De acordo com estudos recentes (McNab *et al*., 2003; *Rickardet al*., 2006), o AI-2 controla a formação de biofilme. Por exemplo, as bactérias que expressam uma mutação no gene *luxS* nos estreptococos orais não podem expressar o AI-2, o que resulta numa falha de comunicação entre os estreptococos orais e os actinomicetas. Esta falha conduz à formação de biofilmes soltos e a uma diminuição significativa da densidade bacteriana. Também o crescimento e a capacidade de formação de biofilme de um mutante isogénico de *S. gordonii,* gerado pela inativação insercional do gene *luxS*, não foram afectados quando cultivados em superfícies de poliestireno (McNab *et al.,* 2003). Em contrapartida, o mutante não foi capaz de formar um biofilme de espécies mistas com uma estirpe luxS-nula de *P. gingivalis.* A complementação da mutação *luxS* em *S. gordonii* restaurou a formação normal de biofilme com o *P. gingivalis* deficiente em luxS.

Embora o AI-2 tenha sido descrito principalmente como um sinal interespécies, parece também estar envolvido na sinalização intra-espécies e na regulação de fenótipos.
A importância do AI-2 na sinalização intra-espécie e o controlo da motilidade bacteriana foram demonstrados em várias espécies, incluindo *E. coli* K-12, *Helicobacter pylori, Aggregatibacter actinomycetemcomitans* e *Campylobacter jejuni.* O AI-2 estimula a formação de biofilme e altera a sua arquitetura, estimulando a motilidade flagelar através do regulador de deteção de quorum MqsR. Também recentemente foi demonstrado que o AI-2 regula a expressão de genes de virulência que estão envolvidos em infecções por *E. coli* O157:H7. Em conjunto, estas observações sugerem um papel emergente para o AI-2 como uma molécula de sinalização intra-espécie, para além da sua função bem caracterizada na sinalização inter-espécie.

Estudos recentes que demonstram que a comunicação mediada por sinais não se limita a ocorrer entre a mesma espécie bacteriana, mas se estende à troca de sinais entre diferentes espécies bacterianas, bem como entre bactérias e células hospedeiras, também abrem novos paradigmas na comunicação célula-célula mediada por sinais. A informação gerada por estes estudos tem aplicações potenciais numa grande variedade de cenários, incluindo o desenvolvimento de redes e módulos de genes sintéticos, terapêutica antimicrobiana e aplicações biotecnológicas. Os relatórios sobre a interferência destes sistemas QS bacterianos e as novas formas de inibir a formação de biofilmes abriram novas vias para a investigação de doenças infecciosas intratáveis

4. ***Sistemas QS de fungos***

Os sistemas QS microbianos eucarióticos foram recentemente descobertos e caracterizados nas espécies fúngicas dimórficas *Candida albicans* e *Saccharomyces cerevisiae* . Foram encontradas várias moléculas QS, incluindo farnesol (Hornby et al. 2001), tirosol (Chen et al. 2004), feniletanol e triptofol (Chen e Fink 2006). O farnesol é o mais bem estudado e parece bloquear a conversão de levedura em micélio de *C. albicans* (Hornby et al. 2001). O momento da resposta ao farnesol também regula o dimorfismo, determinando o compromisso com a conversão do morfotipo, mas os mecanismos moleculares são em grande parte desconhecidos (Nickerson et al. 2006). É interessante notar que a cinética de resposta do QS de *C. albicans* ao farnesol e ao tirosol foi diferente (Alem et al. 2006) e pode representar um ponto de controlo para a regulação durante o desenvolvimento.

Tabela. Moléculas de sinalização e funções nas bactérias orais

Signals	Bacteria	Functions
AI-2	*Porphyromonas gingivalis*	Hemin and iron uptake Protease and hemaggulutinin activities Stress gene response
	Streptococcus mutans	Biofilm formation
	S. gordonii	Carbohydorate metabolism
	S. anginosus	Biofilm formation
	S. intermedius	Virulence factors
	Aggregatibacter actinomycetemcomitans	Biofilm formation
	Eikenella corrodens	Biofilm formation
	P. gingivalis - S. gordonii	Biofilm formation
	S. oralis - Actinomyces naeslundii	Biofilm formation
CSP	*S. mutans*	Bacteriocin production, competence Biofilm formation Acid tolerance
	S. gordonii	Biofilm formation
	S. intermedius	Biofilm formation

Fundamentação da utilização da deteção de quorum para controlar a formação de biofilme

É possível imaginar diferentes formas através das quais o QS pode influenciar a formação de biofilme. Por exemplo, as funções reguladas pelo QS podem servir para iniciar a formação do biofilme. A indução de concentrações de sinais QS pode preceder a inanição e outros tipos de stress associados a populações bacterianas planctónicas aglomeradas. Para se protegerem de tais tipos de stress, as bactérias podem formar biofilmes, um estilo de vida que é carateristicamente mais resistente ao stress. A maioria dos sistemas de biofilme demonstrou uma maior resistência a agressões externas, como antibióticos, força de cisalhamento e o sistema imunitário do hospedeiro (Lewis 2001; Davies 2003; Jesaitis et al. 2003). O QS pode servir como ponto de controlo para reiniciar o ciclo, promovendo a dispersão ou dissolução de uma subpopulação de células. Neste caso, as células em dispersão podem escapar ao stress nutricional que acompanha ou segue as concentrações indutoras do sinal QS. Para as espécies não móveis, o QS pode servir para regular a densidade populacional num biofilme utilizando um mecanismo diferente. Algumas bactérias Gram-positivas iniciam a autólise em resposta à obtenção de um quorum. Finalmente, o QS pode induzir comportamentos nas células do biofilme (à medida que transitam de um estado não induzido pelo QS para um estado induzido pelo QS) que alteram o curso do desenvolvimento do biofilme, como a produção de factores segregados, tais como exopolissacarídeos ou outras adesinas. Em alternativa, o QS pode induzir ou reprimir actividades de grupo, como a motilidade da superfície, o que, por sua vez, pode ter um impacto profundo na estrutura do biofilme.

Assim, a distribuição generalizada de LuxS em bactérias gram-negativas e gram-positivas levou à sugestão de que o autoindutor-2 representa um sistema universal de quorum sensing que medeia a comunicação entre espécies. Continua por determinar até que ponto o quorum sensing dependente do autoindutor-2 está distribuído entre os organismos que se desenvolvem no biofilme dentário. A simples presença de luxS no genoma, ou a demonstração de que um determinado organismo produz autoindutor-2 em sobrenadantes de cultura, deve ser interpretada com cuidado, porque os dados actuais sugerem que o autoindutor-2 pode não funcionar como um sinal de comunicação célula a célula em todos os organismos, mas sim como um sinal de metabolismo básico (ou seja, o ciclo do metilo ativado). No entanto, existem provas substanciais de que pelo menos vários dos agentes patogénicos orais associados à doença periodontal produzem autoindutor-2 e que ocorre uma sinalização célula-a-célula dependente do autoindutor-2 tanto intra-espécie como interespécie. Foi demonstrado que processos fisiológicos importantes, como a resposta ao stress, a aquisição de ferro ou hemina e o desenvolvimento de biofilmes, estão ligados à sinalização do autoindutor-2, pelo que estes circuitos de deteção de quorum podem representar novos alvos para o desenvolvimento de terapias para controlar as populações de agentes patogénicos e o crescimento de biofilmes.

6. MODULAÇÃO DE FACTORES DE VIRULÊNCIA POR INTERACÇÕES INTERESPÉCIES EM BIOFILMES

As interações bacterianas podem afetar o crescimento de organismos individuais ou de grupos de organismos relacionados. Além disso, essas interações podem ter efeitos específicos em termos das propriedades de virulência dos residentes do biofilme, o que poderia influenciar a patogenicidade global dessas estruturas. A este respeito, os organismos presentes na placa dentária que são capazes de neutralizar os produtos finais ácidos de *S. mutans* tenderiam a reduzir a cariogenicidade destes biofilmes. Isto poderia resultar do metabolismo do ácido lático ou da produção de produtos finais alcalinos. Este último poderia envolver a produção de amoníaco ou a expressão de urease por alguns organismos da placa bacteriana (Morou-Bermudez et al., 1999). Uma vez que a saliva contém normalmente níveis significativos de ureia, a enzima urease poderia converter este substrato em amoníaco.

A expressão de factores de virulência pelas bactérias é, em geral, fortemente regulada. Em alguns casos, essa regulação depende de mecanismos de deteção de quorum (van der Ploeg et al., 2005). Demonstrou-se que esses mecanismos dependem de reguladores específicos, como os envolvidos na deteção de quorum estreptocócica e de *Pseudomonas aeruginosa*, ou que envolvem reguladores como o AI-2, que são expressos numa variedade de organismos (Merritt J et al., 2005). Por conseguinte, os organismos de biofilme que podem reduzir as concentrações relativas das moléculas reguladoras podem também ter efeitos profundos na patogenicidade de biofilmes individuais. Por exemplo, foi demonstrado que a produção de bacteriocinas por *S. mutans* depende dos níveis relativos do seu regulador quorum-sensível CSP (van der Ploeg et al., 2005). As bacteriocinas podem ser consideradas como factores de virulência porque podem modular o crescimento de estreptococos não cariogénicos relacionados e, por conseguinte, a redução da concentração da CSP de *S. mutans* nos biofilmes poderia conduzir a um biofilme menos cariogénico. Uma vez que as estirpes não cariogénicas de *S. gordonii* podem inativar a CSP de *S. mutans*, a presença do primeiro organismo nos biofilmes poderia modular a virulência destes biofilmes. Para além disso, é provável que a CSP module outras propriedades de virulência do *S. mutans* (Li. H et al., 2001)

Uma das propriedades de virulência do periodontopatógeno *A. actinomycetemcomitans* é a elaboração de uma leucotoxina. A expressão desta proteína também demonstrou ser dependente dos níveis de AI-2 (Fong et al., 2001). Por conseguinte, as bactérias co-residentes que podem reduzir os níveis desta molécula de sinalização poderiam influenciar a expressão desta toxina. Embora ainda não tenham sido identificadas bactérias orais que possam inativar o AI-2, muitas bactérias residentes no biofilme contêm provavelmente sistemas activos de ligação ao AI-2. Portanto, a competição dos organismos do biofilme por concentrações localizadas de AI-2 poderia influenciar a virulência de biofilmes específicos.

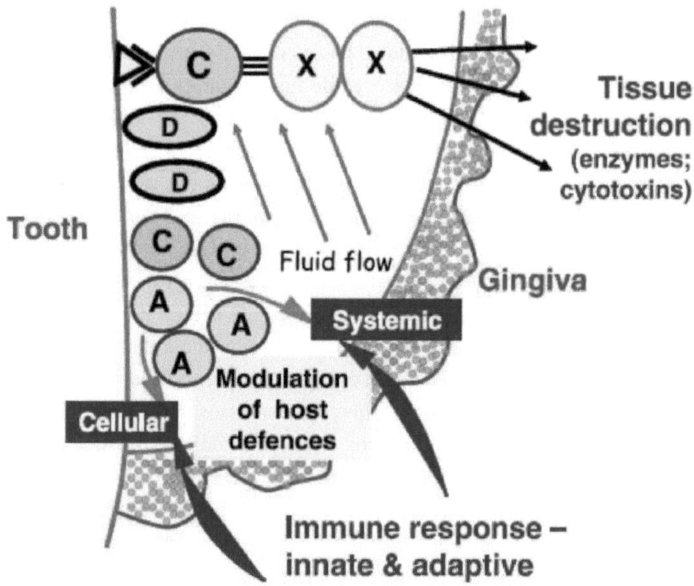

Fig. 6. Sinergia patogénica das comunidades microbianas na etiologia das doenças periodontais. As bactérias capazes de causar danos diretos nos tecidos podem estar dependentes da presença de outras células para obter nutrientes essenciais (por exemplo, através de uma cadeia alimentar) ou locais de fixação (co-adesão) para que possam crescer e resistir às forças de remoção proporcionadas pelo aumento do fluxo do fluido crevicular gengival. Da mesma forma, ambos os grupos de bactérias podem depender, para a sua sobrevivência, de outros organismos para modular as defesas do hospedeiro.

7. INFLUÊNCIA DOS FACTORES DO HOSPEDEIRO NOS MICRÓBIOS ORAIS

A viabilidade dos biofilmes depende não só das interações entre os organismos residentes, mas também das interações destes constituintes com o ambiente não microbiano. Uma influência óbvia sobre os biofilmes nos seres humanos é o fornecimento de potenciais nutrientes pelo hospedeiro. Na cavidade oral, a produção contínua de saliva pelas glândulas salivares constitui uma fonte potencial de nutrientes para algumas bactérias do biofilme oral. Estes fluidos orais contêm proteínas, glicoproteínas, péptidos e minerais (cálcio e ferro) que podem estimular o crescimento de residentes do biofilme oral. O fluido crevicular gengival é outra fonte endógena de nutrientes. Contém proteínas do hospedeiro, como a albumina, glicoproteínas e moléculas que contêm heme. Esta fonte de nutrientes influencia grandemente os micróbios que residem na fenda subgengival (Griffiths et al., 2003). Além disso, algumas das glicoproteínas nos fluidos orais podem ser incorporadas na película do dente e podem servir como receptores para as adesinas de bactérias pioneiras formadoras de placa. Assim, essas moléculas podem desempenhar um papel importante na determinação de quais organismos são capazes de colonizar locais específicos na cavidade oral.

A acumulação de bactérias na margem gengival dos dentes, em resultado de uma higiene oral deficiente, também pode levar à inflamação do tecido circundante, provocando a fuga de soro para a cavidade oral. Os glóbulos vermelhos que contêm hemoglobina podem servir como uma importante fonte de hemina para algumas bactérias orais, como a *P. gingivalis* (Bramanti et al., 1991). Esta fuga pode ser um fator importante na conversão da placa dentária, dominada por organismos gram-positivos, numa placa que contém grandes proporções de bactérias anaeróbias gram-negativas, como a *P. gingivalis,* que estão associadas à periodontite.

Os tecidos do hospedeiro que rodeiam a cavidade oral também podem segregar agentes antimicrobianos, tais como histatinas e defensinas. Várias bactérias orais, incluindo *S. mutans,* demonstraram ser susceptíveis às histatinas produzidas pelas glândulas salivares (Potempa et al., 1995). No entanto, algumas bactérias, incluindo a *T. denticola,* demonstraram resistência a defensinas específicas. Uma vez que as bactérias que residem em biofilmes são geralmente mais resistentes a agentes antimicrobianos do que as suas homólogas planctónicas, ainda não é claro se estes agentes antimicrobianos endógenos desempenham um papel significativo na modulação das propriedades dos biofilmes orais. As células hospedeiras que revestem a cavidade oral também podem segregar moduladores imunitários que podem influenciar as propriedades da placa dentária (Darveau et al., 2000). As secreções salivares contêm anticorpos de imunoglobulina A produzidos pelas glândulas secretoras que revestem a cavidade oral. Alguns destes podem ser dirigidos contra antigénios expressos por residentes do biofilme oral. No entanto, ainda não é claro se esses anticorpos podem penetrar na matriz da placa bacteriana para interferir com as propriedades bacterianas. No entanto, a indução de tais anticorpos como resultado de imunização passiva ou ativa poderia interferir com a colonização dos dentes por potenciais agentes patogénicos orais presentes na saliva e servir como base racional para o desenvolvimento de vacinas anti-cárie ou anti periodontite.

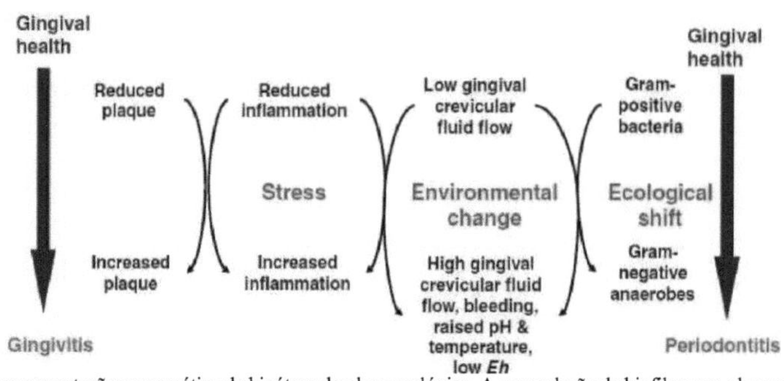

Fig7. Uma representação esquemática da hipótese da placa ecológica. A acumulação de biofilme em placa pode produzir uma resposta inflamatória do hospedeiro; isto provoca alterações nas condições ambientais locais e introduz novas proteínas e glicoproteínas do hospedeiro que favorecem o crescimento de bactérias gram-negativas proteolíticas e anaeróbias. Para prevenir ou controlar a doença, devem ser abordados os factores subjacentes responsáveis pela seleção dos agentes patogénicos putativos, caso contrário, a doença voltará a ocorrer.

8. INTERACÇÕES DE ESPÉCIES BACTERIANAS EM BIOFILMES

Streptococcus sanguinis.

S. sanguinis é um dos primeiros colonizadores do biofilme e é considerado uma espécie benéfica no ecossistema do biofilme oral. Pode produzir H2O2 como forma de excretar o excesso de oxigénio e serve como agente antimicrobiano não específico, que pode inibir o crescimento de *S. mutans* e de outros agentes patogénicos anaeróbios periodontais. *S. sanguinis* compete com outras bactérias produzindo uma bacteriocina de *S. sanguinis* (sanguicina) ou excretando H2O2. O H2O2 pode inibir a glicólise e a síntese proteica das bactérias alvo. Uma proteína quinase de serina/treonina de tipo eucariótico (STPK) no envelope celular de *S. mutans* está relacionada com a resistência antimicrobiana ao H2O2 e observou-se que uma estirpe de *S. mutans* com deficiência de STPK era mais sensível ao H2O2. A inibição de *S. mutans por* S. *sanguinis* é maior em condições aeróbicas do que em condições anaeróbicas. *S. sanguinis* inibe a produção de mutacina por *S. mutans*. A produção de mutacina de *S. mutans* foi 20% menor quando cultivada com *S. sanguinis* em comparação com a cultivada sozinha. Para além disso, o tempo de duplicação de *S. sanguinis* é mais curto do que o tempo de geração de *S. mutans*, e esta reprodução mais rápida facilita a competição de *S. sanguinis* contra *S. mutans*.

Streptococcus gordoni

O S. gordonii é uma das bactérias pioneiras que se fixam na película supragengival. Estudos clínicos confirmaram a competição entre *S. gordonii* e *S. mutans.70* Kreth et al observaram a inibição de *S. mutans* por *S. gordonii*, mas esta inibição foi menor do que a inibição de *S. mutans* por *S. sanguinis*. Tal como *S. sanguinis,* a inibição de *S. mutans* por *S. gordonii* é mais forte em condições aeróbicas do que em condições anaeróbicas.40 Curiosamente, a inibição foi reduzida com glucose. O mecanismo desta redução é semelhante ao de *S. sanguinis*, na medida em que a piruvato oxidase é afetada e a quantidade de H2O2 é reduzida. Esta diminuição da inibição foi mais significativa em *S. gordonii* do que em *S. sanguinis*. Além disso, *S. gordonii* inibe o crescimento de *A. naeslundii* através da excreção de H2O2. *A S. gordonii* é normalmente detectada no biofilme dentário juntamente com espécies de Veillonella. Pesquisas adicionais relataram que *S. gordonii* pode coagregar-se com espécies de *Veillonella*.

Streptococcus oralis

O tempo de duplicação do *S. oralis* é mais curto do que o tempo de geração do *S. mutans,* e esta reprodução mais rápida facilita a competição *do S. oralis* com o *S. mutans.79*
A S. oralis é tipicamente detectada em conjunto com espécies de Veillonella, enquanto que investigação adicional relatou que *a S. oralis* pode coagregar-se com espécies de *Veillonella.*

Streptococcus oligofermentans

S. oligofermentans pode produzir H2O2 principalmente por dois métodos. O primeiro método consiste em metabolizar o ácido lático produzido por *S. mutans* em H2O2 pela lactato oxidase, enquanto o segundo método consiste em metabolizar o peróxido em H2O2 pela L-aminoácido oxidase. O H2O2 produzido por *S.* oligofermentans *pode* cooperar com o H2O2 produzido por *S. sanguinis* e aumentar a inibição do crescimento de *S. mutans.*

Porphyromonas gingivalis:
Foi demonstrado que *P. gingivalis* cresce com *S. gordonii, Actinomyces oris, Veillonella* sp, *F. nucleatum* e *A. actinomycetemcomitans,* mas não com *S. oralis.* Num modelo de três espécies, demonstrou-se que *P. gingivalis* cresce com espécies duplas de *Veillonella* sp e *A. actinomycetemcomitans*, e espécies duplas de *Veillonella* sp e *F. nucleatum*, mas *P. gingivalis* não cresce com espécies duplas de *S. oralis* e *A. actinomycetemcomitans* ou espécies duplas de *S. oralis* e *F. nucleatum.* Portanto, *P. gingivalis* aparentemente não pode crescer na presença de *S. oralis*. No entanto, num biofilme de três espécies com *S. gordonii* e *S. oralis*, *P. gingivalis* cresceu bem, este resultado indicou que *S. gordonii* facilitou o crescimento de *P. gingivalis. A P. gingivalis* é normalmente detectada juntamente com o *Treponema denticola* na placa subgengival. *T. denticola* pode produzir ácido succínico que foi identificado nos fosfolípidos e lípidos no envelope celular de *P. gingivalis.* No entanto, *P. gingivalis* produz ácido isobutírico que aumenta o crescimento de *T. denticola.* Por conseguinte, pode existir uma relação de crescimento sinérgico cooperativo entre *P. gingivalis* e *T.*

denticola.

Fusobacterium nucleatum:

As fusobactérias são as espécies bacterianas Gram-negativas predominantes na placa dentária madura. No entanto, na colonização inicial, os estreptococos e os actinomicetos são as espécies predominantes. A coagregação de Fusobactérias com outras espécies bacterianas é um elo fundamental entre a colonização primária e secundária da placa dentária. *O F. nucleatum* é um microrganismo crucial nos biofilmes dentários devido ao seu papel coordenador, que coagula com colonizadores tardios e precoces do biofilme dentário. A coagregação entre *o F. nucleatum* e outras espécies bacterianas Gram negativas é regida por interações entre lectinas e receptores de hidratos de carbono. Por exemplo, a coagregação entre *P. gingivalis* e *F. nucleatum* é regulada por uma porção de galactosídeo de *P. gingivalis* e uma lectina de *F. nucleatum*, que pode ser inibida pela lactose. Os polissacáridos capsulares *de P. gingivalis* e os lipopolissacáridos estão envolvidos através de receptores que medeiam a coagregação entre espécies bacterianas orais. Em contraste, embora tenha sido observada a coagregação entre *F. nucleatum* e muitas espécies de bactérias Gram-positivas, essas coagregações raramente são inibidas por açúcares. Assim, a coagregação intergenérica entre *F. nucleatum* e organismos Gram-negativos é significativamente distinta da ligação de *F. nucleatum* a bactérias Gram-positivas. Pesquisas recentes demonstram que *o F. nucleatum* é difícil de crescer na saliva sem a presença de *A. naeslundii.* Curiosamente, as células de *S. oralis* aumentaram na presença de *F. nucleatum.* Por conseguinte, as fusobactérias necessitam de *A. naeslundii* para a sua própria formação de biofilme e melhoram a colonização inicial de estreptococos em determinados biofilmes de duas espécies. As bactérias orais enfrentam o stress do oxigénio no biofilme dentário. A sobrevivência das espécies bacterianas anaeróbias orais depende da tolerância específica de cada espécie ao oxigénio e das interações bacterianas no seio da comunidade do biofilme. *A F. nucleatum* apoia o crescimento *da P. gingivalis* ao proporcionar um ambiente capnófilo quando cresce num ambiente oxigenado e depletado de CO2.

Lactobacillus casei

L. casei é normalmente detectado em biofilmes cariogénicos. Esta estirpe pode produzir ácido lático em abundância e tem uma vasta gama de pH. No entanto, a aderência à superfície dentária desta estirpe tolerante ao ácido é fraca. Wen et al. observaram que a formação de biofilme de *L. casei* sozinho era menor do que a formação de biofilme de cultura de duas espécies com *S. mutans*. A razão para esta melhoria foi o facto de *S. mutans* ter fornecido enzimas glucosiltransferase (GTF) a *L. casei*, com as quais foram sintetizados glucanos e, por conseguinte, a adesão bacteriana foi melhorada.

Lactobacillus paracasei

L. paracasei produz bacteriocinas, que fazem poros nas membranas citoplasmáticas de *P. gingivalis, P. intermedia, T. forsythensis, S. salivarius* e *S. sanguinis,* inibindo o crescimento dessas estirpes. Esta bacteriocina tem um peso molecular de aproximadamente 56 kDa com uma composição de 68% de hidratos de carbono e 32% de proteínas. Esta proteína tem aminoácidos catiónicos presentes perto do N-terminal, aminoácidos hidrofóbicos presentes na região central e resíduos hidrofílicos presentes no C-terminal.

Actinomyces naeslundii:

A. naeslundii é uma das bactérias pioneiras na formação do biofilme dentário e está relacionada com a doença periodontal e a cárie radicular. *A. naeslundii* pode proteger muitas espécies bacterianas do H2O2, porque *A. naeslundii* consome H2O2 através da oxidação de proteínas.92 *A. naeslundii* também regula positivamente o gene *spxB* (que codifica a piruvato oxidase) de *S. gordonii*. Para além disso, *a A. naeslundii* pode fornecer arginina à *S. gordonii*, o que está relacionado com o efeito de oxidação das proteínas exibido pela *A. naeslundii*. A quantidade residual de arginina *intracelular* de *S. gordonii* é limitada devido à excreção de H2O2. Por conseguinte, o crescimento de *S. gordonii* foi aumentado pela agregação com *A. naeslundii*. Na presença de *A. naeslundii*, *S. gordonii* pode crescer em condições de depleção de arginina nas quais *S. gordonii* normalmente não sobrevive.

Veillonella:

As espécies de *Veillonella* podem produzir vitamina K, que pode ser utilizada por *Prevotella* spp e *Porphyromonas* spp para o seu crescimento. As espécies de *Veillonella* utilizam os ácidos orgânicos produzidos por *S. mutans* de uma forma simbiótica que beneficia o crescimento de ambas as espécies.

CONCLUSÃO

As bactérias orais em biofilmes dependem da deteção do seu ambiente e, em particular, dos seus vizinhos microbianos para construir consórcios produtivos de espécies mistas. Por conseguinte, ao avaliar a capacidade das bactérias orais para causar doenças, é essencial considerar a comunidade na sua totalidade, em vez de se basear apenas em observações de componentes individuais. Assim, pode ser necessário o desenvolvimento de tecnologias que nos permitam analisar as funções e os metabolismos putativos de um biofilme dentário completo. O desenvolvimento em curso de técnicas de elevado rendimento, como os microarranjos de ADN e a sequenciação paralela maciça, já está a melhorar consideravelmente os estudos da expressão genética em comunidades de espécies mistas. Estes esforços poderão contribuir para a elucidação das restrições ecológicas que regem as comunidades multiespecíficas e ajudar a desenvolver novos métodos de controlo dos biofilmes dentários.

REFERÊNCIAS:

1. Alexander H. Rickard. Bacterial coaggregation: an integral process in the developmentof multi-species *biofi\ms.TrendsinMicrobiology.2003; 11(2):94-100*

2. Howard K. Kuramitsu, Xuesong He. Interações interespécies nas comunidades microbianas orais. Microbiol Mol Biol Rev.2007; 71(4):653-670

3. K. Hojo, S. Nagaoka. Bacterial Interactions in Dental Biofilm Development (Interações bacterianas no desenvolvimento do biofilme dentário). Revisões críticas em Biologia Oral e Medicina. J Dent Res.2009 88(11):982-990

4. Masae Kuboniwa. Formação de biofilme subgengival. Periodontologia 2000. 2010;52:38-52

5. N.S. Jakubovics. Talk of the town: comunicação interespécies em biofilmes orais. Microbiologia oral molecular.2010;25: 4-14

6. Paul E. Kolenbrander. Communication among Oral Bacteria. Microbiology & Molecular Biology Reviews. 2002;66(3):486-505

7. Philip D. Marsh. Biofilmes da placa dentária: comunidades, conflito e controlo. Periodontologia 2000.2011; 55: 16-35

8. Ruijie Huang, Mingyun Li. Interações bacterianas no biofilme dentário. Virulence.2011;2:5:435-444

9. Y. Irie e M. R. Parsek. Quorum Sensing e Biofilmes Microbianos. Current Topics in Microbiology and Immunology.2008;322: 67-79

MIX
Papier aus verantwortungsvollen Quellen
Paper from responsible sources
FSC® C105338

Printed by Books on Demand GmbH, Norderstedt / Germany